지은이 **최종수** 선생님은 경남 창원에서 태어나 자랐으며 경남대학교 생물학과를 졸업한 뒤 경남도청에서 일하고 있습니다. 36년 동안 새를 관찰해 왔으며, 특히 주남저수지와 우포늪에 터 잡고 살거나 계절마다 찾아오는 새를 꾸준히 촬영했습니다. 그 자료를 모아 〈주남저수지 생태사진전〉을 세 차례 열었고, 『새와 사람』, 『탐조여행 주남저수지』, 『우포늪 가는 길』, 『우포늪의 새』, 『새들의 둥지 속 365일』 등 여러 책을 펴냈습니다. 또한 한국사진작가협회 마산지부에서 활동하며 〈경남현대사진 60년 초대전〉에 참여했고, 〈KBS환경스페셜 '새들의 건축술'〉과 〈KNN '물은 생명이다'〉의 영상을 촬영 · 지원했으며, 〈MBC 다큐에세이 '그 사람'〉에 출연하기도 했습니다. 지금은 한국 물새 네트워크 이사로 활동하고 유튜브 〈최종수 초록TV〉를 운영하면서 많은 사람에게 새를 관찰하는 즐거움을 전하고 있습니다.

북디자인_ ALL 박은영, 김효진

Bird holic

중독 주의 설렘 주의

버드홀릭

Bird holic

퍼낸날 2021년 1월 15일
글 · 사진 최종수

펴낸이 조영권
만든이 노인향, 백문기
꾸민이 ALL contents group

펴낸곳 자연과생태
주소 서울 마포구 신수로 25-32, 101(구수동)
전화 02) 701-7345~6 팩스 02) 701-7347
홈페이지 www.econature.co.kr
등록 제2007-000217호

ISBN 979-11-6450-029-1 03490

중독 주의 설렘 주의

버드홀릭

Bird holic

글 · 사진 최종수

자연과생태

PROLOGUE

새는 아무런 장치도 없이 오로지 자기 날개와 함께하는 동료들만 믿고 수만 킬로미터 긴 여정을 떠납니다. 또한 오래도록 자유롭게 날고자 배 속은 물론 뼛속까지 비웁니다. 새를 보며 저는 스스로와 주변 동료를 믿는 일이, 자유로워지려면 욕심을 버려야 하는 일이 얼마나 중요한지를 배웠습니다.

새에 홀려 새가 있는 곳이면 어디든지 달려가며 살아온 지도 벌써 36년이나 되었습니다. 조금이라도 더 생생한 모습을 카메라에 담고자 한여름에는 불볕더위, 모기와 전쟁을 치르고 한겨울에는 칼바람과 사투를 벌이기도 했지만 이제는 그 모든 순간이 소중한 추억이 되었습니다.

그 소중한 중독과 설렘의 기억 속에서 새 111종을 추려 담고 『버드 홀릭』이라 이름 붙였습니다. 이름처럼 이 책이 여러분에게 '행복한 중독'의 길잡이가 될 수 있기를 바랍니다. 새는 혼자가 아니라 함께이기에 멀리 갈 수 있듯, 저 또한 여러분과 함께 이 행복한 길을 계속 걸을 수 있다면 좋겠습니다.

『버드 홀릭』이 세상에 나올 수 있게 도와준 자연과생태 편집부 여러분과 내용에 오류가 있는지 검토해 준 국립생물자원관 박진영 박사님께 감사드립니다. 끝으로 새에 홀려 가족과 함께하지 못한 지난 시간을 반성하며, 그 시간을 이해해 준 가족에게 진심으로 고마운 마음을 전합니다.

2021년 1월
최종수

CONTENTS

사계절 내내 볼 수 있는 새

겨울에 볼 수 있는 새

여름에 볼 수 있는 새

봄·가을에 볼 수 있는 새

Bird holic

원앙 / 흰뺨검둥오리 / 논병아리 / 황조롱이 / 매 / 물닭 / 검은머리물떼새 / 괭이갈매기 /

큰소쩍새 / 큰오색딱다구리 / 오색딱다구리 / 청딱다구리 / 때까치 / 어치 / 물까치 / 까치 /

곤줄박이 / 붉은머리오목눈이 / 동박새 / 동고비 / 딱새 / 물까마귀 / 검은등할미새 / 노랑턱멧새

사계절 내내 볼 수 있는 새

in the four seasons

수컷(왼쪽) 암컷(오른쪽)

0 0 1
오리과

원앙 숲에서 태어나는 물새

겨울깃

평소에 물에서 지내다가 번식기가 되면 활엽수가 많은 숲속 계곡으로 이동해 고목 구멍에 둥지를 틀고, 알을 7~14개 낳아 28~33일간 품는다. 숲에서 깨어난 새끼들은 둥지에서 뛰어내려 물을 찾아가야 한다. 겨울에는 강이나 저수지, 호수에 모여 지내며 물속 곤충, 작은 물고기, 풀씨, 도토리 등을 먹는다. 천연기념물 제327호다.

002
오리과

흰뺨검둥오리

미션! 새끼들을 데리고 도심을 가로지르다

1960년대부터 전국 습지에서 번식하는 텃새로 자리 잡았다. 습지 풀밭이나 야산 덤불 속에 오목하게 땅을 파고, 주변에서 가져온 풀과 앞가슴에서 뽑은 털로 알자리를 마련한 뒤에 알을 7~14개 낳고 28일 정도 품는다. 어미는 막 깨어난 새끼들을 데리고 도심을 가로질러 연못이나 냇가, 호수로 이동하는데, 이때 안전한 동선을 미리 확인하고 계획을 세운다. 물풀이나 물속 곤충을 먹는다.

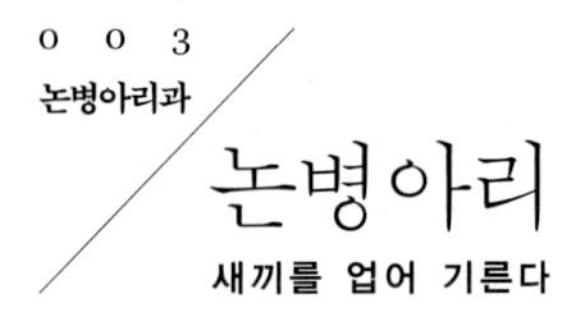

0 0 3
논병아리과

논병아리

새끼를 업어 기른다

예전에는 겨울철새였지만 1980년대부터 우리나라에서 번식하는 텃새가 되었다. 전국 습지나 저수지 등에서 번식하며, 물풀 줄기나 뿌리로 수상가옥 같은 둥지를 짓는다. 물풀 사이에 둥지를 틀면 천적 눈에 잘 띄지 않아 공격을 막거나 몸을 숨기기에 좋다. 알을 품고 있을 때 위협을 느끼면 둥지를 들키지 않으려고 물풀로 알을 덮어 놓고 둥지를 떠난다. 새끼가 알을 깨고 나오면 등에 업고 다니며 돌본다.

겨울깃

수컷

수컷

004
매 과

황조롱이

바람에 완벽히 적응하다

정지비행은 황조롱이의 전매특허 사냥술이다. 양 날개와 꼬리깃으로 순간순간 바뀌는 풍향과 풍속에 솜씨 좋게 적응하며 쥐나 개구리, 작은 새 등을 완벽하게 사냥한다. 저수지, 숲, 개활지, 농경지, 도심에도 사는 맹금류이자 텃새이며, 아파트나 빌딩 같은 건축물에 둥지를 틀기도 한다. 천연기념물 제323-8호이지만 개체 수는 많은 편이다.

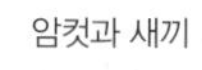

암컷과 새끼

어린새

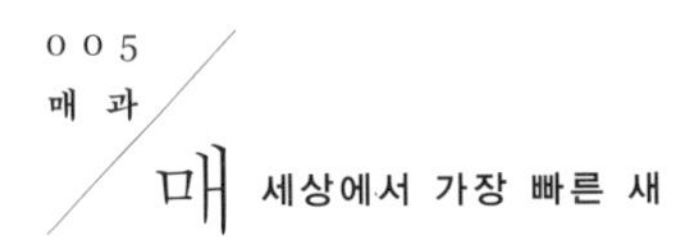

어른새

빠른 속도로 날며 공중에서 날아가는 새를 사냥한다. 해안이나 섬의 절벽에서 번식하고 겨울에는 습지 주변이나 농경지와 개활지 등에서 지낸다. 수컷이 대부분 먹이를 사냥하고, 암컷은 새끼를 돌보는데, 사냥할 때 하강 속도가 390km에 달해 세상에서 가장 빠른 새로 기네스북에 올랐다. 천연기념물 제323-7호, 멸종위기 야생동식물 Ⅰ급이다.

006
뜸부기과

물닭

까맣고 통통한 새들이 떼 지어서 종종종

강, 저수지 등에서 번식하는 텃새이자 겨울에 많은 수가 찾아오는 겨울철새다. 떼 지어 몰려다니며 잠수해서 먹이를 찾고, 작은 물고기, 곤충, 달팽이, 식물의 어린 잎 등을 먹는다. 부들이나 줄 같은 물풀을 엮어 둥지를 틀고 번식하며, 알을 5~9개 낳아 21~24일 동안 암수가 교대로 품는다. 물이 얼면 얼음 위를 종종종 걷는 모습도 볼 수 있다. 온몸이 숯검정처럼 검고 통통하며, 발가락에 넓은 막(판족)이 있어서 헤엄을 잘 친다.

0 0 7
검은머리
물떼새과

검은머리물떼새

흰 셔츠에 검은 슈트를 차려입었다

서해안과 남해안의 한정된 갯벌에 서식하는 보기 드문 텃새다. 서해안과 남해안의 무인도서에서 번식하며, 충남 서천 유부도에서 2,000~5,000마리가 겨울을 난다. 밀물 때는 잠기고 썰물 때는 드러나는 평탄한 모래점토질 갯벌에서 조개, 갯지렁이, 지렁이, 물고기, 게 등을 잡아먹는다. 조개를 먹을 때는 긴 부리를 조개껍데기 속으로 집어넣어 속살을 파먹는다. 천연기념물 제326호, 멸종위기 야생동식물 Ⅱ급이다.

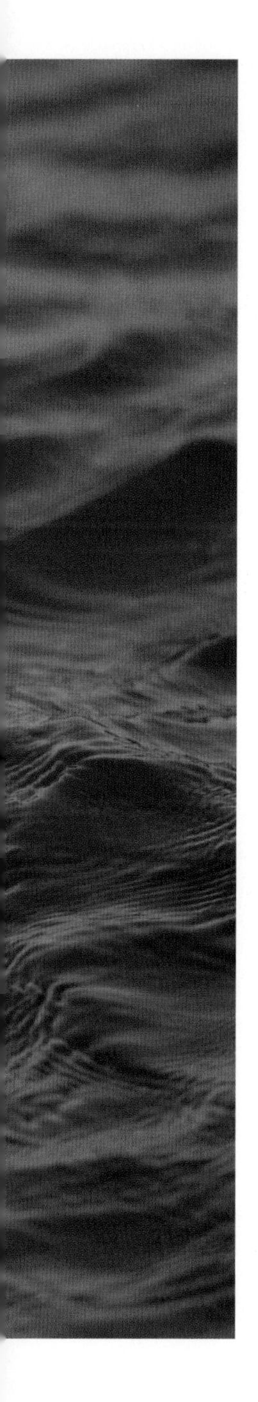

008

갈매기과

괭이갈매기

우리나라 유일한 텃새 갈매기

울음소리가 고양이를 닮아 괭이갈매기란 이름이 붙었다. 우리나라에서 볼 수 있는 갈매기 종류 가운데 유일한 텃새로 바닷가에서 쉽게 볼 수 있지만, 사람들 방해를 받지 않는 무인도(경북 울릉 독도, 경남 통영 홍도, 전남 영광 칠산도, 충남 태안 난도, 인천 신도, 석도 등)에서 5~8월에 집단 번식한다. 마른 풀로 둥지를 틀고 알을 1~4개 낳으며, 8월 말에 새끼와 함께 번식지를 떠나 바다에서 생활한다. 물고기, 곤충, 물풀 등을 먹는다. 꼬리깃 끝에 검은 띠가 있어서 다른 갈매기들과 구별된다.

0 0 9
올빼미과

큰소쩍새

소리 없는 사냥꾼

산지의 인가 근처나 사찰 주변에 둥지를 틀고 사는 보기 드문 텃새이자 나그네새다. 5~6월에 딱다구리가 쓰던 둥지나 나무 구멍에 흰색 알을 3~5개 낳는다. 새끼들은 둥지 한쪽 구석에 배설해서 둥지를 깨끗하게 유지한다. 주로 곤충, 양서류, 파충류를 먹으며, 작은 새도 사냥한다. 야행성 맹금류로 발톱과 부리가 날카로우며, 사냥할 때나 먹이를 물고 둥지로 돌아올 때 소리가 전혀 나지 않아서 '소리 없는 사냥꾼'이라는 별명이 붙었다. 소쩍새에 비해 울음소리가 작고 잘 울지 않아서 실체를 확인하기가 무척 어렵다. 천연기념물 제324-7호다.

울창한 산림부터 야산 주변까지도 서식하는 텃새다. 숲에서 "다르륵 다르륵" 연달아 나무 두들기는 소리가 들린다면 딱다구리가 둥지를 짓고 있을 가능성이 크다. 딱다구리가 둥지를 마련하려고 나무에 구멍을 뚫을 때는 부리로 초당 18~22번 속도로 두드리며, 이때 딱다구리의 뇌는 매번 1,200g 정도 충격을 받는다고 한다. 사람은 보통 80~100g 충격에 뇌진탕을 일으키는데, 딱다구리는 단단하면서도 탄성 있는 부리, 진동을 줄이는 혀의 설골층(舌骨層), 스펀지 같은 두개골 구조, 두개골과 뇌 사이에 있는 진동 차단 액체층 덕분에 안전하다. 둥지가 완성되면 알을 3~5개 낳고, 알은 15일 정도 품으면 부화하며, 새끼들은 27~28일간 부모의 보살핌을 받다가 둥지를 떠난다.

010
딱다구리과

큰오색딱다구리

온 숲에 집 짓는 소리가 울린다

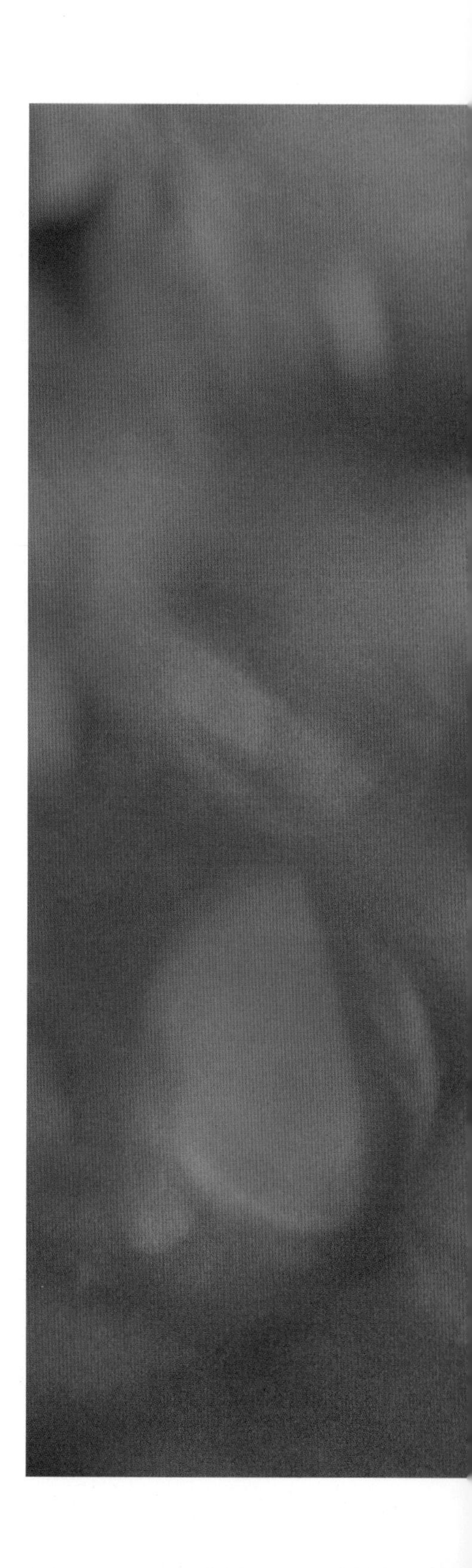

암컷

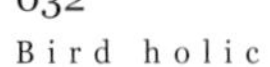

0 1 1

딱다구리과

오색딱다구리

곧바른 나무줄기를 자유롭게 오르락내리락

전국에서 볼 수 있는 텃새다. 수직으로 선 죽은 나무에서 전진과 후진을 자유롭게 하며 구멍을 뚫고, 긴 혀를 집어넣어 곤충 애벌레를 잡아먹는다. 둥지를 틀 때는 나뭇가지 바로 아래나 기울어진 나무에 구멍을 뚫어서 비가 들이치는 것을 미리 차단한다. 숲에서 홀로 또는 암수가 같이 지내며, 5월 상순~7월 상순에 흰 알을 4~6개 낳아 14~16일 동안 품는다. 번식이 끝나면 가족이 함께 생활한다.

0 1 2
딱다구리과

청딱다구리

은밀하게 숲을 오가다

참나무나 밤나무가 많은 산림이나 인가 주변 야산에서 번식하는 텃새다. 주로 단독으로 생활하며, 경계심이 강해 관찰이 어렵다. 나무들을 옮겨 다니며 먹이를 찾고, 오동나무, 벚나무, 밤나무 등에 구멍을 뚫어 둥지를 튼다. 알을 4~6개 낳고 14~16일간 품으며, 깨어난 새끼는 24~25일 동안 어미의 보살핌을 받다가 둥지를 떠난다. 다른 딱다구리들은 새끼에게 애벌레를 잡아다 먹이는데, 청딱다구리는 새끼를 돌보기 시작하는 무렵에 먹이를 많이 잡아와 게워 내어서 먹인다.

수컷

암컷

0 1 3
때까치과

때까치 속속들이 철두철미하다

주로 탱자나무처럼 가시가 있는 나무에 둥지를 틀어 천적의 습격에 대비한다. 마른 풀과 식물 뿌리 등을 엮어 밥그릇 모양으로 지은 둥지에 알을 낳고 14~15일 동안 품으며, 깨어난 새끼는 2주쯤 뒤에 둥지를 떠난다. 새끼를 기르는 동안 잡은 먹이를 가시에 꽂고 부리로 잘게 잘라 새끼에게 먹이며, 천적에게 둥지 위치를 들키지 않으려고 새끼가 싼 똥을 멀리 내다 버린다. 덩치는 작지만 부리는 맹금류만큼이나 날카롭다. 먹이를 저장해 두었다가 먹이가 부족할 때 찾아 먹는다. 서식지 곳곳 나무 가시에 메뚜기, 벌, 딱정벌레, 거미, 개구리, 도마뱀, 쥐 등을 잡아 꽂아 둔다.

0 1 4
까마귀과

어치

똑똑하다고 할지, 얄밉다고 할지

전국에서 사는 텃새로 번식기에는 산림에서 살다가 번식이 끝나면 작은 무리를 지어 평지로 내려와 지낸다. 침엽수 나뭇가지로 둥지 기초를 마련하고 나무뿌리를 물어 와 소쿠리 모양으로 둥지를 튼다. 알을 4~6개 낳고 16~17일간 품는다. 작은 새들의 둥지를 털어 알과 새끼를 훔쳐 먹는다. 그 밖에도 양서류나 파충류, 열매 등을 먹으며, 가을에는 도토리를 즐겨 먹는다. 또한 도토리를 나무껍질 틈이나 땅바닥에 묻어 두었다가 겨울에 비상식량으로 찾아 먹는다. 다른 새나 동물 소리, 심지어는 사람 소리까지도 흉내 낸다.

어른새

어린새

0 1 5
까마귀과

물까치 화목한 숲속 대가족

적게는 10마리에서 많게는 30마리 이상이 무리를 이룬다. 높은 나무에 나뭇가지로 접시 모양 둥지를 틀고 알을 6~9개 낳아 17~20일간 품으며, 18일 정도 새끼를 돌본다. 부모가 잡아오는 먹이가 부족하면 형, 누나, 삼촌, 이모까지 먹이를 잡아다 먹인다. 천적이 둥지를 습격할 때에도 단체로 천적을 공격해 몰아낸다. 양서류, 파충류, 곤충, 거미를 비롯해 옥수수, 감 등 다양한 종류를 먹는 잡식성이다. 다른 종에 비해 꼬리가 매우 길며, 꼬리는 몸의 중심을 잡는 데에 도움을 준다.

016
까마귀과

까치

탁월한 건축가

도심을 비롯해 전국 어디에서나 볼 수 있는 텃새다. 나뭇가지를 얼기설기 쌓아 지은 둥지가 언뜻 허술해 보인다. 그러나 비도 들이치지 않고, 태풍에도 무너지지 않으며, 내부에는 풀, 진흙, 동물털을 깔아 아늑하다. 둥지를 지을 때 쓰는 나뭇가지는 보통 1,300개가량이다. 알을 3~5개 낳고 18일 정도 품으며 깨어난 새끼는 22~27일 지나서 둥지를 떠난다. 쥐, 곤충, 곡식, 과일 등을 먹는다.

017
박새과

곤줄박이

호기심이 한가득, 사람도 무섭지 않다

산림, 사찰, 정원 및 공원 등에 서식하는 텃새다. 4~7월에 나무 구멍이나 인공 새집, 딱다구리의 묵은 둥지에 이끼로 밥그릇 모양 둥지를 틀며, 흰 바탕에 자색 반점이 있는 알을 5~8개 낳는다. 곤충, 거미, 씨앗이나 열매를 먹으며, 꽃 꿀을 먹기도 한다. 또 먹이를 땅속에 감춰 두는 습관이 있다. 호기심이 많고 사람을 겁내지 않아서 잣이나 땅콩을 손바닥에 올려 두면 날아와서 물고 간다. 사람들이 매달아 주는 인공 새집도 좋아한다.

0 1 8
붉은머리
오목눈이과

붉은머리오목눈이

은밀하게 숲을 오가다

덩치가 작은 새로, 뱁새라는 이름으로 더 잘 알려진 텃새다. 사철나무나 망초, 찔레꽃 등에 작은 밥그릇 모양 둥지를 틀고 번식한다. 붉은머리오목눈이는 뻐꾸기 탁란(어떤 종이 다른 종의 둥지에 알을 낳아 다른 종에게 자기 알을 대신 품어 기르도록 하는 것)의 표적이어서 자신보다 몸집이 훨씬 큰 뻐꾸기 새끼를 기르기도 한다. 보통 파란색이나 흰색 알을 4~6개 낳는다. 떼 지어 날아다니며 갈대숲이나 덤불에서 곤충, 거미나 갈대 씨앗을 찾아 먹는다.

019
동박새과

동박새

동백꽃 필 무렵 달싹달싹 신이 난다

여름철에는 암수가 같이 생활하는 텃새다. 우거진 산림을 좋아하며, 5~6월에 너무 낮지 않은 나뭇가지에 밥그릇 모양 둥지를 튼다. 둥지 안쪽은 식물 뿌리와 동물 털을 깔고, 둘레는 이끼로 덮는다. 흰색 또는 연한 살구색 알을 4~5개 낳는다. 번식이 끝난 뒤에는 무리 지어 생활하며, 큰 나무의 가지를 옮겨 다니면서 곤충, 거미, 진드기, 꽃꿀 같은 먹이를 찾는다. 특히 동백꽃 꿀을 좋아해서 꽃 필 무렵 동백나무숲에 큰 무리가 모여든다. 혀끝에 붓 모양 돌기가 있어서 꿀을 편하게 먹을 수 있다.

0 2 0
동고비과

동고비

리모델링 전문가

낙엽활엽수가 무성한 숲을 좋아하는 텃새로, 자기 몸집에 비해 너무 넓은 딱다구리 둥지 입구를 제 몸에 맞게 줄여 이용한다. 둥지 리모델링 작업은 암컷이 전담하고, 진흙을 콩알보다 조금 크게 뭉쳐 하루에 60번 정도 가져와 공사하며, 완성하는 데에 3주나 걸린다. 이 둥지에 알을 6~9개 낳고 15~16일 동안 품으며, 깨어난 새끼들은 20~24일 뒤에 둥지를 떠난다. 큰 나무 줄기를 오르내리며 주로 곤충, 거미, 열매 같은 먹이를 찾는다.

암컷(어린새)

0 2 1
솔딱새과

딱새 세상에 둥지 못 지을 곳은 없다

암컷

수컷

저수지, 산림 가장자리, 덤불, 정원, 공원 등지에서 번식하는 텃새로, 인가 근처에서는 제비 다음으로 둥지를 많이 튼다. 벽에 달린 우체통, 화장실, 심지어 덤프트럭 발판에까지 둥지를 튼다. 나뭇가지, 풀잎, 이끼로 둥지를 짓고 알자리 주변에는 새 깃털을 깐다. 푸른빛 도는 흰색 바탕에 갈색 점이 박힌 알을 5~7개 낳고 12~13일간 품는다. 알에서 깬 새끼들은 13일 정도 어미의 보살핌을 받은 뒤에 둥지를 떠난다. 곤충(어른벌레, 애벌레)과 열매를 먹는다. 앉아 있을 때 머리와 꼬리를 까딱거리곤 한다.

0 2 2
물까마귀과

물까마귀

물안경을 써서 잠수도 거뜬하다

바위가 많은 산간 계곡이나 냇가에서 번식하는 텃새로, 물이 얼지 않는 계곡 하류에서 겨울을 난다. 3월부터 바위틈이나 벼랑 틈에 이끼로 둥지를 틀고 바닥에 낙엽과 마른 풀, 식물 뿌리를 깐 뒤에 흰 알을 4~5개 낳고 15~16일간 품는다. 깨어난 새끼는 21~23일 동안 어미의 보살핌을 받다가 둥지를 떠난다. 물 위로 낮고 빠르게 날며, 물속에서도 자유롭게 헤엄치며 강도래나 날도래 애벌레, 작은 물고기를 잡아먹는다. 물안경 역할을 하는 얇은 막(순막)이 눈을 덮고 있어 잠수해서 먹이를 잘 찾는다.

0 2 3
할미새과

검은등할미새

맑게 노래하는 물가 은둔자

바위나 돌이 많은 산속 계곡, 냇가, 강 등에서 생활하는 텃새다. 다른 새들과 달리 조금 이른 3월 초에 번식하기 시작하며 1년에 두 번 번식한다. 냇가와 강가 돌 틈 사이에 잎, 줄기, 뿌리, 나무껍질 등으로 밥그릇 모양 둥지를 튼다. 곤충과 작은 물고기를 잡아먹는다. 긴 꼬리를 까딱이며 물가나 돌 위를 돌아다니고, 맑은 소리를 낸다.

수컷
알 품는 암컷

암컷

0 2 4
멧새과

노랑턱멧새

옹달샘 단골손님

우리나라 숲과 숲 가장자리, 농경지 등에서 지내는 텃새이자 봄과 가을에 통과하는 나그네새다. 4~7월에 번식하며 산림 가장자리 낮은 덤불이나 나무 밑 땅에 정교하게 둥지를 튼다. 알을 5~6개 낳고 12~13일간 품는다. 번식기에는 암수가 함께 생활하지만 번식이 끝난 뒤에는 무리 지어 생활하며, 번식기에는 곤충을 잡아먹고, 겨울철에는 벼 낟알과 풀씨 등을 즐겨 먹는다. 숲속에 작은 옹달샘이 있으면 물을 먹거나 목욕하려고 자주 찾아온다.

B i r d h o l i c

개리 / 흰이마기러기 / 큰고니 / 혹고니 / 청머리오리 / 홍머리오리 / 청둥오리 / 고방오리 /

가창오리 / 쇠오리 / 흰죽지 / 댕기흰죽지 / 검은머리흰죽지 / 흰비오리 / 검은목논병아리 /

황새 / 노랑부리저어새 / 따오기 / 알락해오라기 / 흰꼬리수리 / 독수리 / 새매 / 참매 /

흑두루미 / 재두루미 / 두루미 / 붉은부리갈매기 / 물때까치 / 홍여새 / 유리딱새 / 밭종다리 /

검은머리방울새 / 솔잣새

겨울에 볼 수 있는 새

in the winter

025
오리과

개리 머무르기보다는 떠나기를 택했다

집짐승으로 길들인 거위 원종으로 겨울철새이자 나그네새다. 주로 하구나 갯벌에서 지내며 긴 부리로 펄 속 먹이를 찾아 먹고, 새섬매자기 뿌리를 비롯해 식물 뿌리도 먹는다. 임진강 하구에 많은 수가 찾아오며, 일부는 서천 해안, 주남저수지, 낙동강 하구 등에서 겨울을 난다. 세계자연보전연맹 적색목록에 위기종으로 분류된 국제 보호조이며, 전 세계에 6만~8만 마리가 사는 것으로 추정한다. 천연기념물 제325-1호, 멸종위기 야생동식물 Ⅱ급이다.

0 2 6
오리과

흰이마기러기 위태로운 채식주의자

전국에서 볼 수 있는 겨울철새이지만 어느 곳에서도 적은 수가 관찰된다. 쇠기러기 무리에 섞여 먹이를 먹는 모습을 볼 수 있으며, 초식성으로 논에 떨어진 낟알, 풀잎 등을 먹는다. 세계자연보전연맹 적색목록에 취약종으로 분류된 국제 보호조로 전 세계에 2만~3만 3,000마리가 사는 것으로 추정한다. 멸종위기 야생동식물 Ⅱ급이다.

027
오리과

큰고니

미운 오리 새끼 주인공

동화 『미운 오리 새끼』의 주인공이다. 하루 대부분을 물에 떠서 돌아다니거나 물풀의 줄기나 뿌리 등을 먹으며 보내고, 가끔 큰 날개를 펄럭이며 물 위를 달려가 다른 무리를 공격하기도 한다. 큰고니가 수면을 박차고 날아오르는 모습은 대형 여객기가 도움닫기를 해 양력을 받아 이륙하는 모습과 비슷하다. 천연기념물 제201-2호, 멸종위기 야생동식물 Ⅱ급이다.

028
오리과

혹고니 날개 치는 소리가 멀리서도 들린다

우리나라에 찾아오는 고니 종류는 고니, 큰고니, 혹고니 3종이고, 그중 혹고니가 가장 드물게 찾아오며 매년 10여 마리가 겨울을 난다. 2003년 7월 번식기에 주남저수지에 혹고니 한 마리가 찾아와 화제가 되기도 했다. 우리나라를 찾는 겨울철새 가운데 덩치가 가장 크며, 수면을 박차고 날 때 날개를 퍼덕이는 소리가 멀리서도 들린다. 물속 깊이 목을 넣어 먹이를 찾으며, 수생식물을 주로 먹지만 작은 동물도 잡아먹는다. 천연기념물 제201-3호, 멸종위기 야생동식물 Ⅰ급이다.

암컷

암컷

029
오리과

청머리오리 머리깃에 프리즘이 달렸다

주로 갯벌과 바다, 호수, 저수지에서 무리를 이루어 식물성 먹이를 찾지만, 해질 무렵에 주변 농경지로 나와 먹이를 먹기도 한다. 우리나라에서 2,000~5,000마리가 겨울을 난다. 광택 도는 청록색 머리깃은 빛의 방향에 따라 색깔이 달리 보인다.

수컷

030
오리과

홍머리오리

뜯어 먹는 데에는 자신 있다

낙동강 하구에 가장 많이 찾아오는 겨울철새이자 나그네새다. 9월 하순에 찾아와 이듬해 4월까지 머물지만 수는 적은 편이다. 내륙 습지보다는 하구나 바다를 더 좋아한다. 주로 습지에서 식물성 먹이를 찾지만 농경지에서 먹이를 찾기도 한다. 턱 힘이 강하고 부리가 짧아 풀이나 해초를 뜯는 데에 알맞고 바다에서 생활하는 개체는 해초류를 뜯어 먹는다.

수컷(왼쪽)과 암컷(오른쪽)

수컷(뒤)과 암컷(앞)

031
오리과

청둥오리

수컷 머리에 초록불이 켜졌다

우리나라에서는 적은 수가 무리를 이루어 번식하기도 하지만, 대개는 겨울철새로서 10월 초에 찾아와 이듬해 4월 하순까지 머문다. 낮에도 먹이를 먹지만 주로 해가 진 뒤 습지 주변 논으로 날아가 먹이를 찾는다. 벼 낟알, 풀씨나 곤충을 비롯한 무척추동물을 즐겨 먹고 때로는 물고기도 잡아먹는다. 광택 도는 청록색 머리는 청둥오리 수컷의 상징이다.

수컷

부부 싸움하는 암컷(오른쪽)과 수컷(왼쪽)

032
오리과

고방오리

목도 길쭉 꽁지깃도 길쭉

10월 초부터 큰 무리가 찾아오는 겨울철새이자 나그네새다. 주로 무리를 지으며, 하늘을 날 때 일정한 간격을 유지한다. 목이 길어 수면에서 머리를 물속에 처박고 물구나무선 채로 먹이를 찾는다. 보통 곡류나 물풀의 잎 또는 줄기 같은 식물성 먹이를 먹지만, 물고기나 무척추동물을 먹을 때도 있다. 바늘처럼 길게 삐져나온 꽁지깃이 특징이다.

수컷

암컷

033
오리과

가창오리 이들의 군무를 오래도록 보고 싶다

겨울철새 가운데 무리 짓는 습성이 가장 강해서 수만에서 수십만 마리가 모이며, 월동지 근처 논에서 벼 낟알을 즐겨 먹는다. 1984년 1월에 주남저수지에서 월동하는 5,000여 마리가 발견된 뒤로 매년 개체 수가 늘어나 1995년 겨울에는 대략 3만 마리까지 찾아왔지만 주변 환경이 급격히 변하면서 주남저수지에서는 모습을 감췄다. 그 뒤로 천수만, 고천암호, 동림지, 영암호, 금강 하류 등지에서 겨울을 나다가 최근 주변 환경이 개선되면서 1만 5,000여 마리가 주남저수지를 다시 찾고 있다.

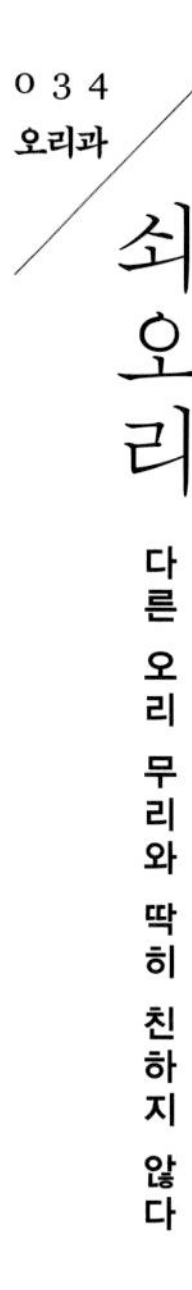

다른 오리들보다 빠른 9월 초순에 찾아와 이듬해 4월 하순까지 머문다. 다른 오리들과는 잘 어울리지 않고 별도로 무리를 이루어 지낸다. 큰 강보다는 물이 얕고 폭이 좁은 냇물에서 주로 먹이를 찾는다. 열매, 물풀과 작은 연체동물을 비롯한 무척추동물을 즐겨 먹는다.

수컷(왼쪽)과 암컷(오른쪽)

035
오리과

흰죽지

물이 깊을수록 안심이다

암컷

한강, 낙동강 하구, 순천만, 주남저수지, 봉암갯벌 등에 10월 초순에 찾아와 이듬해 3월까지 머물며 월동하는 겨울철새이자 대표적인 잠수성 오리다. 수심과 먹이양에 따라 개체 수 변화가 심하다. 주남저수지에서는 수심이 깊을 때는 수천 마리가 월동하지만 수심이 얕아지면 근처 바다로 이동한다. 민물과 바닷물이 만나는 곳에서 작은 물고기나 무척추동물, 조개 또는 물풀, 벼과 식물의 씨앗을 먹는다.

수컷

0 3 6
오리과

댕기흰죽지 하늘과 물 사이에 반원을 그린다

잠수성 오리로 겨울철새이자 나그네새다. 10월 초순에 찾아와 이듬해 4월 중순까지 머문다. 주로 호수, 연못, 저수지, 하구, 해안 등에서 지내고, 반원을 그리듯 공중으로 뛰어오르며 잠수해서 조개류나 새우, 게 같은 갑각류와 물속 곤충, 물풀 등을 먹는다. 수컷은 머리에 긴 댕기가 달려 있다.

수컷

037

오리과

검은머리흰죽지

이왕이면 아주 짠물이 좋다

암컷

잠수성 오리로 내륙 습지보다는 바다를 더 좋아하며, 주로 해안 근처 호수, 하구 등에서 겨울을 난다. 보통 조개와 갑각류를 먹지만 해초류도 먹는다. 10월 초순에 찾아와 이듬해 3월 하순까지 머문다.

수컷(뒤)과 암컷(앞)

038
오리과

흰비오리

조심조심 주변을 두루 살피다

10월 중순에 찾아와 이듬해 3월 하순까지 머무는 잠수성 오리다. 호수, 저수지, 하천, 하구 등에서 작은 무리가 서로 거리를 유지하며 잠수해 물고기, 연체동물, 조개류, 갑각류 등을 잡아먹는다. 수컷은 판다처럼 흰색과 검은색이 어우러져 눈에 띄지만 경계심이 강해 가까이서 관찰하기가 어렵다.

번식깃

겨울깃

0 3 9
논병아리과

검은목논병아리

한 마리가 잠수하면 줄줄이 따라 한다

11월 초순에 찾아와 이듬해 3월까지 호수, 강 하류, 해안 등에서 머물며, 종종 수십 마리가 무리 지어 다닌다. 목이 길고 몸이 유선형이며 다리가 몸 뒤쪽에 달려 있다. 날개가 짧아 나는 일이 적지만, 잠수를 잘해서 적이 습격하면 물속으로 도망치며, 한 마리가 잠수하면 뒤이어 차례로 잠수하는 모습을 볼 수 있다. 물고기, 갑각류, 복족류를 주로 먹으며, 곤충도 잡아먹는다.

040
황새과

황새 다시는 사라지지 않기를

매우 적은 수가 11월 초순에 찾아와 이듬해 3월까지 머문다. 한번 짝을 맺으면 평생 그 관계를 유지하며 독립생활을 한다. 경계심이 매우 강하다. 주로 논, 냇가, 호수, 저수지 등에서 지내며, 드렁허리를 비롯한 물고기, 개구리, 들쥐 등을 잡아먹는다. 국내외에서 시행한 종복원사업으로 번식한 개체들이 곳곳에서 관찰된다. 일본에서 인공 번식한 황새가 김해 봉화마을에 찾아와 화제가 되기도 했다. 세계자연보전연맹 적색목록에 위기종으로 분류된 국제 보호조이다. 전 세계에 3,000여 마리가 사는 것으로 추정한다. 천연기념물 제199호, 멸종위기 야생동식물 Ⅰ급이다.

0 4 1
저어새과

노랑부리저어새

노랗고 넓적한 부리를 휘휘 저으며 사냥한다

매년 10월 중순에 서산 천수만, 제주도 하도리와 성산포, 낙동강, 주남 저수지, 우포늪, 순천만 등으로 찾아와 이듬해 3월 하순까지 머문다. 밥주걱처럼 생긴 긴 부리를 물속에 넣고 좌우로 저어서 물고기를 사냥하고, 조개, 개구리, 곤충, 열매 등도 먹는다. 어린 새는 부리가 검지만 자라면서 부리 끝이 노랗게 바뀐다. 천연기념물 제205-2호, 멸종위기 야생동식물 Ⅱ급이다.

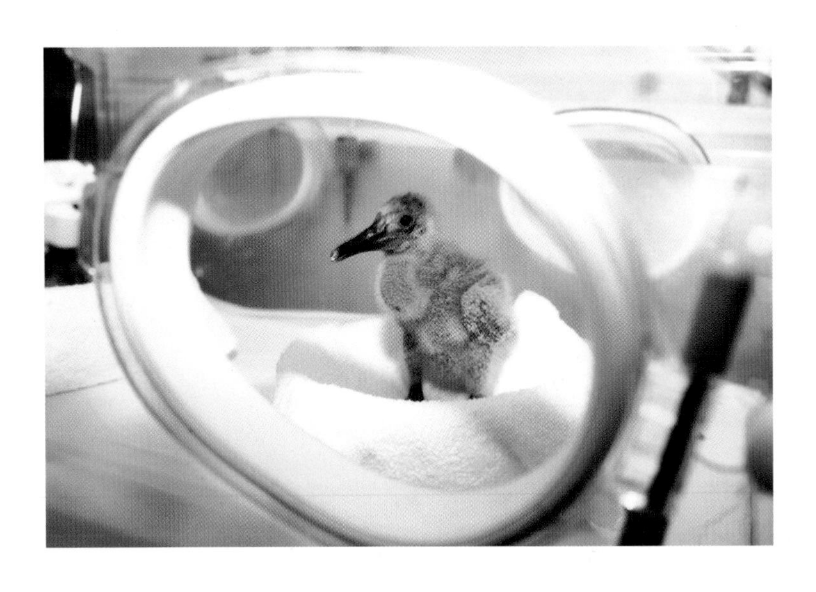

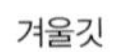

겨울깃

0 4 2

저어새과

따오기

부디 무탈하게 자리 잡기를

1978년 12월에 경기도 파주에서 확인된 뒤로는 야생에서 관찰된 기록이 없다. 2008년 10월에 중국에서 한 쌍을 기증받아 창녕 우포늪 인근에서 복원 작업을 진행하고 있으며, 최근 이곳에서 증식해 방사한 일부 개체가 인근 자연에서 살아가고 있다. 미꾸라지 같은 작은 물고기, 개구리, 올챙이, 게, 우렁이, 조개류, 땅강아지 등을 즐겨 먹는다. 세계자연보전연맹 적색목록에 위기종으로 분류된 국제 보호조이며, 천연기념물 제198호, 멸종위기 야생동식물 Ⅱ급이다.

043
백로과

알락해오라기 갈대밭 숨은그림찾기

적은 수가 11월 초순에 찾아와 이듬해 3월까지 머무는 겨울철새이자 드문 나그네새다. 탁 트인 곳을 싫어하며 냇가나 호수, 저수지 등 넓은 습지에서 단독으로 생활하고 낮보다 밤에 많이 활동한다. 낮에는 갈대밭에서 목을 길게 뻗고는 움직이지 않고 서 있는데, 완벽한 보호색을 띠어 찾기가 어렵다. 주로 물고기나 개구리, 갑각류를 잡아먹는다.

겨울깃

0 4 4
수리과

흰꼬리수리 하늘을 나는 모습만으로도 무시무시하다

어린새

10월 초순에 드물게 찾아와 이듬해 3월까지 해안, 하구, 냇가, 저수지 등에서 지내며, 주로 물고기를 사냥한다. 부리가 날카롭고 날개가 큰 맹금류 흰꼬리수리는 파란 하늘을 선회하는 모습만으로도 습지 동물들에게 위협이 될 것이다. 어릴 때는 꼬리에서 검은색이 넓게 나타나지만 다 자라면 꼬리는 완전히 흰색으로 바뀐다. 세계자연보전연맹 적색목록에 준위협종으로 분류된 국제 보호조이며, 천연기념물 제243-4호, 멸종위기 야생동식물 Ⅰ급이다.

0 4 5
수리과

독수리

걸보기와 달리 온순하다

이름의 '독(禿)'은 대머리를 뜻한다. 동물 사체에서 내장을 꺼내 먹을 때 방해가 되거나 피가 묻으면 위생에 문제가 생기기 때문에 머리 깃털이 사라지는 쪽으로 진화했다. 우리나라에는 11월 중순에 찾아와 이듬해 3월 중순까지 머문다. 햇빛이 대지를 데워 상승 기류가 발생하면 공중으로 떠올라 활공하며 죽은 동물을 찾는다. 우리나라를 찾는 맹금류 가운데 가장 크지만, 생김새와 달리 온순한 편이다. 세계자연보전연맹 적색목록에 준위협종으로 분류된 국제 보호조이며, 천연기념물 제243-1호, 멸종위기 야생동식물 Ⅱ급이다.

046
수리과

새매 마음 놓고 머물다 가기를

10월 초에 찾아와 5월 하순까지 머무는 겨울철새이자 나그네새다. 숲, 농경지, 습지 등지에서 지내며, 곤충, 작은 새, 쥐 등을 잡아먹는다. 번식기가 아닐 때에는 단독으로 생활한다. 최근에 우리나라에서 번식하는 것이 확인되어 관심이 높아지고 있다. 5월 무렵 4~8m 높이 나뭇가지에 둥지를 틀고 알을 4~5개 낳으며, 32~34일간 품고, 24~30일간 새끼를 돌본다. 천연기념물 제323-4호, 멸종위기 야생동식물 Ⅱ급이다.

047
수리과

참매 빠르고 정확하고 냉혹하다

10월 초순에 찾아와 이듬해 3월 하순까지 머물며, 아주 드물게 번식한다. 숲속에 숨어 있다가 갑자기 나타나 빠르고 정확하게 사냥감을 덮친다. 날아가는 새, 쥐나 작은 포유류를 사냥하며, 날카로운 부리로 찢어서 먹고 소화시키지 못한 뼈나 털은 펠릿으로 뱉어 낸다. 천연기념물 제323-1호, 멸종위기 야생동식물 Ⅱ급이다.

어른새

어른새

0 4 8

두루미과

흑두루미 자꾸 이 땅을 찾아 줘서 고맙다

10월 중순에 찾아와 이듬해 4월 초순까지 초지, 습지, 논 등에서 머문다. 주로 가족 단위로 생활하고, 이동과 월동 시기에 큰 무리를 이룬다. 넓은 논이나 갯벌에서 먹이를 찾으며 벼 낟알, 식물 씨앗이나 뿌리, 물고기 등을 먹는다. 1997년 순천만에 70여 마리가 찾아온 뒤로 계속 수가 늘어 최근에는 2,400마리가 넘는 큰 무리가 월동한다. 세계자연보전연맹 적색목록에 취약종으로 분류된 국제 보호조이며, 천연기념물 제228호, 멸종위기 야생동식물 Ⅱ급이다.

0 4 9

두루미과

재두루미

붉은 점을 찍은 수묵화 같다

주로 습지나 농경지에서 벼 낟알이나 식물 뿌리 또는 갯지렁이를 비롯한 여러 무척추동물 등을 즐겨 먹는다. 세계자연보전연맹 적색목록에 취약종으로 분류된 국제 보호조로 전 세계에 5,500~6,500마리가 사는 것으로 추정한다. 천연기념물 제203호, 멸종위기 야생동식물 Ⅱ급이다.

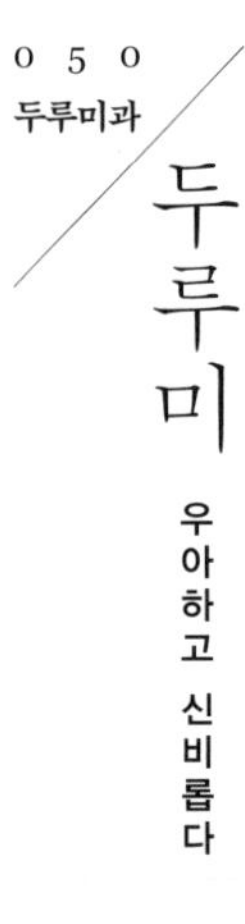

050
두루미과

두루미

우아하고 신비롭다

'두루미'라는 이름은 '뚜두루루 우는 이'란 뜻에서 유래했다. 머리 꼭대기에 붉은 점이 있어 단정학(丹頂鶴)이라고도 한다. 논에 떨어진 벼 낟알을 먹으며, 미꾸라지, 게, 우렁이, 갯지렁이, 염생 식물 뿌리도 먹는다. 길게 휜 울음관(명관)이 있어서 우렁찬 소리를 낸다. 여러 나라에서 행운, 장수를 가져다주는 신성한 새로 여긴다. 세계자연보전연맹 적색목록에 위기종으로 분류된 국제 보호조이며, 천연기념물 제202호, 멸종위기 야생동식물 Ⅰ급이다.

051
갈매기과

붉은부리갈매기

저공비행 승부사

10월 초순에 찾아와 이듬해 4월 초순까지 강 하구나 해안, 항구, 호수, 저수지, 내륙 습지 등에서 머문다. 다이빙하거나 수면 위로 저공비행하며 물고기를 낚아채는 기술이 일품이다. 물고기 말고도 곤충, 거미, 갑각류, 심지어 음식물 찌꺼기까지 먹는다.

0 5 2
때까치과

물때까치 차분히 앉아 먹잇감을 찾는다

9월 초순에 찾아와 통과하거나 3월 하순까지 머물며, 냇가, 습지, 저수지, 들판에서 단독으로 생활한다. 작은 나뭇가지나 전깃줄 등에 앉아 사냥감을 찾으며, 작은 새, 양서류, 파충류, 곤충 등을 잡아먹는다. 사냥한 먹이를 가시가 있는 나뭇가지나 철조망에 꽂아 둔다.

0 5 3
여새과

홍여새

머리깃을 잘도 빗어 넘겼다

11월 초순에 찾[illegible]와 이듬해 4월 하순까지[illegible] 흔하지 않은 겨울[illegible]새로 해마다 찾[illegible] 개체 수 변화가 크다. 침엽[illegible]림이나 참[illegible] 향나무 등이 있는 공원의 활엽수림[illegible]에[illegible]이며, 보통 10~40마리, 많을 때는 100[illegible]가 무리 짓는다. 나무 열매나 나무 새순을 [illegible], 정지비행하며 곤충을 사냥하기도 한다.

수컷

0 5 4
솔딱새과

유리딱새 산사에서 아름다움을 뽐내다

암컷

3월 하순에 찾아와 4월 하순까지 머물고, 다시 10월 초순에 찾아와 11월 하순까지 머물며, 일부는 남부 지역에서 겨울을 난다. 울창한 산림의 사찰 주변에서 많이 보이며 사람을 그리 경계하지 않는다. 작은 나뭇가지에 앉아 꼬리를 위아래로 흔드는 습관이 있다. 주로 애벌레를 먹지만 겨울에는 씨앗이나 열매도 먹는다.

0 5 5
할미새과

밭종다리

추수가 끝난 논 숨은그림찾기

겨울 논에서 밭종다리가 떼를 지어 날아다니는 모습을 어렵지 않게 볼 수 있다. 10월 중순에 찾아와 이듬해 4월 하순까지 머물지만 보호색을 띠어서 수확이 끝난 논에 내려앉으면 찾기가 어렵다. 습지 주변 논이나 초지, 해안가, 개울가 등에서 꼬리를 위아래로 까딱이며 돌아다닌다. 여름에는 딱정벌레, 파리, 메뚜기, 거미 등을 먹지만 우리나라로 찾아오는 겨울에는 씨앗을 주로 먹는다.

암컷

056
되새과

검은머리방울새

무리 지어 하늘에 파도를 그린다

10월 중순에 찾아와 이듬해 4월 중순까지 머물며, 평지와 산지의 침엽수림, 냇가 관목에서 무리 지어 지낸다. 번식이 끝나면 무리 지어 파도를 그리듯 날아다닌다. 열매나 씨앗을 좋아한다. 외모만큼이나 울음소리도 아름답다.

수컷

057
되새과

솔잣새 솔방울 속 씨앗 먹기 선수

10월 중순에 찾아와 이듬해 5월 초순까지 불규칙하게 찾아오는 보기 드문 겨울철새이나, 드물게 번식하는 일도 있다. 오랫동안 한곳에 머물지 않고 무리 지어 이동하며 먹이를 찾는다. 날카로운 부리가 어긋나게 맞물려 잣나무나 소나무 열매를 벌려 안에 든 씨앗을 꺼내 먹기에 알맞다. 나무 위에서 생활하고 숲 사이에서 파도 모양을 그리며 떼 지어 날아다닌다. 숲 가장자리에 둥지를 튼다.

Bird holic

검은댕기해오라기 / 흰날개해오라기 / 황로 / 왜가리 / 노랑부리백로 / 쇠물닭 / 꼬마물떼새 /

물꿩 / 깝작도요 / 쇠제비갈매기 / 소쩍새 / 솔부엉이 / 파랑새 / 물총새 / 후투티 / 팔색조 /

칡때까치 / 꾀꼬리 / 긴꼬리딱새 / 개개비사촌 / 개개비 / 찌르레기 / 호랑지빠귀 / 흰배지빠귀 /

검은딱새 / 쇠솔딱새 / 흰눈썹황금새 / 큰유리새 / 노랑할미새 / 알락할미새

여름에 볼 수 있는 새

in the summer

어린새

058
백로과

검은댕기해오라기

치밀하고 끈덕지고 재빠르다

4월 중순에 찾아와 번식하고 9월 하순까지 머무는 여름철새로 논, 호수, 저수지, 냇가, 계곡, 강 등에서 지낸다. 물고기가 알을 낳으려고 냇물 상류로 오를 때 길목을 지키고 있다가 뛰어오르는 물고기를 낚아챈다. 위치 선정도 탁월하고 인내심과 순발력도 대단하다. 작은 물고기뿐만 아니라 물속 곤충, 갑각류, 양서류 등을 잡아먹는다. 백로과 새들은 한곳에 둥지를 틀고 집단으로 번식하는 것이 특징인데, 검은댕기해오라기는 숲에서 단독으로 번식한다. 10m 정도 높이 나무에 나뭇가지로 허술하게 접시 모양 둥지를 틀고 알을 4~5개 낳는다.

어른새

0 5 9

백로과

흰날개해오라기

성큼성큼 걷고 쏜살같이 날다

매우 희귀하게 번식하는 여름철새이자 규칙적으로 통과하는 나그네새로, 4월 중순에 아주 적은 수가 찾아와 번식하고 10월 하순까지 머문다. 1980년대에 처음 확인된 뒤로 서해안과 도서 지역에서 주로 봄부터 관찰되며, 주남저수지, 거제도, 해남 등 남부 지역에서도 보인다. 논, 습지, 저수지, 냇가 등에서 지내며, 다른 백로과 새들과 함께 모여 번식한다. 마른 나뭇가지와 풀줄기로 접시 모양 둥지를 짓고 연한 녹청색 알을 4~6개 낳으며, 18~22일 동안 품는다. 발가락이 길어 물풀 위를 걸어 다니면서 사냥하기에 알맞으며, 커다란 연잎 위에서 물고기를 기다리다가 총알 같이 날아가 사냥한다. 물고기뿐만 아니라 곤충도 잡아먹는다.

060
백로과

황로

연두빛 논을 하얗게 물들이다

4월 중순에 찾아와 9월 하순까지 머물며, 집단으로 번식하는 여름철새다. 1967년 전남 해남에서 처음 번식한 뒤로 전국의 백로 번식지에서 적은 수가 번식한다. 논, 저수지, 습지, 냇가 등에서 지내며 곤충, 물고기, 양서류, 파충류 등을 잡아먹는다. 특히 모내기철에 트랙터가 논을 갈아엎어 먹잇감이 드러나면 몰려와 사냥한다. 번식기에 화려한 황색 깃털이 나타난다.

0 6 1
백로과

왜가리 공격 무기는 토해서 썩은 냄새 풍기기

대표적인 여름철새였지만 지구온난화가 심해지며 겨울에도 우리나라에 눌러산 지가 오래되었다. 전국의 논, 저수지, 냇가, 하구, 해안 습지 등에서 지내며 작은 새, 물고기, 개구리, 황소개구리, 쥐, 새우, 곤충 등을 잡아먹는다. 중대백로, 중백로, 쇠백로, 해오라기 등과 함께 집단 번식하며, 천적이 번식지에 침입하면 반쯤 소화된 먹이를 토해 생선 썩은 냄새를 풍겨서 내쫓는다.

062
백로과

노랑부리백로

여름에 우리나라를 찾는 귀한 손님

희귀한 여름철새로, 4월 초순에 찾아와 6월 하순에 번식하고 10월 초까지 머문다. 서해안 무인도에서 주로 번식하며, 마른 나뭇가지로 관목이나 땅에 접시 모양으로 엉성하게 둥지를 튼다. 알을 3~4개 낳고 24~26일간 품는다. 갯벌이나 해안에서 작은 물고기나 새우를 잡아먹는다. 세계자연보전연맹 적색목록에 취약종으로 분류된 국제보호조이며, 전 세계에 2,600~3,400마리가 사는 것으로 추정한다. 천연기념물 제361호, 멸종위기 야생동식물 Ⅰ급이다.

어린새

0 6 3

뜸부기과

쇠물닭 맏이가 막내를 돌본다

4월 중순에 찾아와 10월 하순까지 머무는 여름철새다. 5월부터 8월 초까지 두 번 번식하며, 물풀인 '줄'을 엮어서 둥지를 짓고, 한 번에 알을 6~9개 낳아 19~22일간 품는다. 1차 번식 때 자란 새끼들이 부모를 도와 2차 번식 때 태어난 새끼를 돌보기도 한다. 발가락이 길어서 물풀 위를 자유롭게 걸어 다닐 수 있고, 위험한 기운이 감돌면 물풀 사이로 숨어 버린다. 습지 풀숲을 이동하면서 꼬리를 위아래로 까닥이는 습관이 있다. 곤충, 연체동물, 갑각류, 각종 식물의 씨앗 등을 먹는다.

0 6 4
물떼새과

꼬마물떼새

알을 지키려고 연기까지 한다

3월 중순에 찾아와 9월 하순까지 머문다. 4월 말부터 7월 초까지 번식하며 알을 4개 낳고, 24~28일간 품는다. 자갈밭이나 모래밭에 허술하게 둥지를 틀지만 알은 보호색을 띠고 있어서 눈에 잘 띄지 않는다. 알을 품는 동안 천적이 다가오면 둥지와 다른 방향으로 옮겨 가서 소란스럽게 하거나 다친 척을 하며 천적의 눈길을 끌어 알을 보호한다. 깨어난 새끼들은 깃털이 마르면 곧바로 둥지를 떠나며, 주로 곤충을 잡아먹으며 지낸다.

065
물꿩과

물꿩 아빠는 육아 중

꿩처럼 꼬리가 길어서 물꿩이라 이름 붙였다. 우리나라에서는 1993년 7월에 주남저수지에서 처음 목격되었으며, 2003년 이후로는 지속적으로 찾아온다. 2004년 7월에 제주도에서 번식하는 것이 처음 확인되었고, 2007년 8월에는 주남저수지에서도 번식했다. 일처다부제로 번식하며, 알을 품고 새끼를 기르는 일은 모두 수컷 몫이다. 가시연과 마름 군락을 자유롭게 오가며 곤충, 조개, 풀씨, 열매 등을 먹는다. 발가락이 매우 길어 습지에서 생활하기에 알맞다.

짝짓기

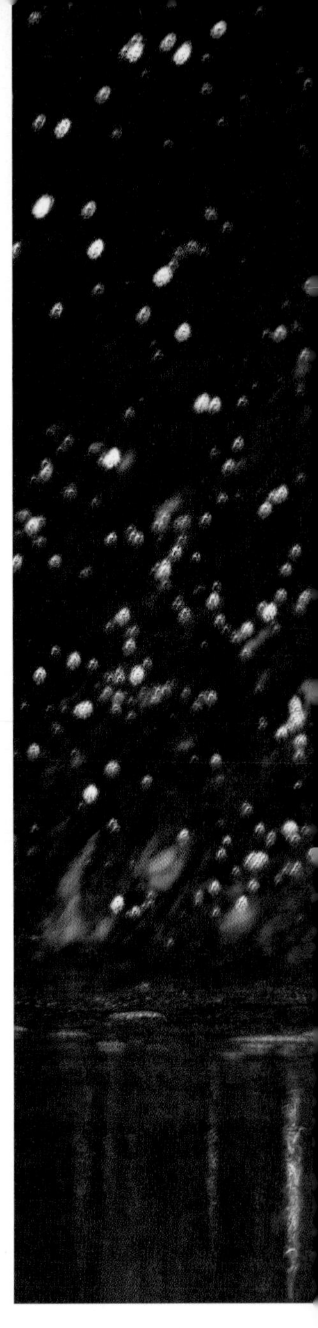

066

도요과

깝작도요 꼭 춤추듯이 걷는다

전국 냇가에서 흔하게 번식하는 여름철새이며 일부 지역에서는 겨울을 나기도 한다. 냇가, 하구, 갯벌, 해안 등에서 주로 단독으로 생활한다. 곤충, 거미, 갑각류, 작은 패류 등을 잡아먹는다. 이름에서도 알 수 있듯 걸을 때 머리와 꼬리를 쉴 새 없이 깝작거려 춤추는 듯하다.

0 6 7
갈매기과

쇠제비갈매기

청혼 선물로는 물고기가 최고다

짧은 꼬리깃이 제비 꼬리를 닮아서 쇠제비갈매기라고 이름 붙였다. 4월 초순에 찾아와 번식하고 9월 초순까지 머문다. 수컷이 물고기를 잡아 암컷에게 선물하며 구애한다. 암컷은 수컷이 자신과 새끼를 잘 보살필 만하다고 판단하면 짝짓기를 허락한다. 모래밭이나 자갈밭에 오목하게 둥지를 틀고 알을 3개 낳아 19~22일간 품는다. 대부분 암컷이 알을 품고 수컷은 먹이를 잡아오지만 가끔은 수컷이 알을 품기도 한다. 바다나 강, 논 위에서 천천히 저공비행하다가 물고기를 발견하면 다이빙해서 사냥한다. 둥지 근처로 천적이 다가오면 일제히 날아올라 똥을 싸서 천적을 몰아낸다.

구애 선물

짝짓기

0 6 8

올빼미과

소쩍새

해가 뉘엿뉘엿 저물면 하루를 시작한다

4월 중순에 찾아와 번식하고 10월 중순에 돌아가는 여름철새다. 주로 자연스럽게 생긴 나무 구멍이나 딱다구리 둥지를 집으로 삼거나 까치 둥지를 재활용하기도 한다. 드물게는 인공 둥지에서도 지낸다. 5~6월에 알을 4~5개 낳고 24~25일간 품는다. 새끼는 부화한 지 21일쯤 뒤에 둥지를 떠난다. 낮에는 종일 나뭇가지나 나무 구멍에 앉아 쉬고, 해가 지면 활동을 시작한다. 주로 매미, 나방, 베짱이, 대벌레 같은 곤충을 잡아먹는다. 천연기념물 제324-6호다.

어린새

어른새

어린새

0 6 9

올빼미과

솔부엉이

귀깃 없는 올빼미

4월 중순에 찾아와 번식하고 10월 중순에 돌아가는 여름철새다. 해발 고도 1,000m쯤 되는 산이나 야산, 도시 공원, 고궁 등에 있는 고목 구멍에 둥지를 틀고 지낸다. 5~7월에 알을 3~5개를 낳으며, 25~28일 품는다. 낮에는 나뭇가지에 앉아 쉬고 밤에는 대부분 사냥하며 시간을 보낸다. 주로 곤충을 사냥하지만 박쥐나 작은 새도 잡아먹는다. 머리에 귀깃이 없는 것이 특징이다. 천연기념물 제324-3호다.

0 7 0

파랑새과

파랑새 상상이 아니라 현실에 존재하는 새

비교적 흔하게 번식하는 여름철새다. 5월 초순에 찾아와 번식하고 9월 말에 돌아간다. 보통 까치나 딱다구리의 묵은 둥지를 집으로 삼는데, 둥지 주인이 있으면 공격해서 강제로 둥지를 빼앗기도 한다. 5월 하순에 알을 3~5개 낳고 22~23일 품는다. 높은 곳에서 바라보고 있다가 주로 날아다니는 잠자리나 나방을 낚아채고, 딱정벌레, 매미, 풍뎅이 등도 잡아먹는다.

0 7 1
물총새과

물총새

물고기 잡는 호랑이

냇가, 저수지, 강 등에서 흔하게 볼 수 있는 여름철새다. 4월 중순에 찾아와 번식하고 9월 하순까지 머물지만, 지구온난화가 심해지면서 우리나라에서 겨울을 나는 일이 늘고 있다. 흙 벼랑에 구멍을 뚫어 둥지를 짓고 바닥에는 물고기 뼈를 깔아 알자리를 만든다. 암컷은 알을 5~7개 낳고 20일 정도 품는다. 암컷이 알을 품는 동안 수컷이 먹이를 잡아 와서 암컷에게 먹여 준다. 사냥할 때는 높이가 적당한 곳에 앉아 기다리다가 물고기를 발견하면 총알처럼 물속으로 들어간다. 빛의 굴절 현상 때문에 물속에 있는 물고기는 물 밖에서 보는 것보다 더 아래쪽에 있지만, 물총새는 정확하게 표적을 잡아낸다. 물총새가 물고기를 사냥하는 모습이 매우 빠르고 매섭다고 해서 옛날에는 어호(魚虎), 즉 물고기 잡는 호랑이라고 불렀다. 물고기뿐만 아니라 물속 곤충, 갑각류, 양서류 등도 잡아먹는다.

0 7 2
후투티과

후투티 머리깃을 차르르 펼쳤다 접었다 한다

3월 초순에 찾아와 번식하고 10월 초순에 돌아가는 흔한 여름철새이자 텃새이지만, 남부 지역에서는 어렵지 않게 겨울을 나는 모습을 볼 수 있다. 농경지, 과수원, 냇가, 저수지 등에서 지내며, 주로 딱다구리 묵은 둥지나 나무 구멍, 인가의 지붕이나 처마 밑에 둥지를 틀고 번식한다. 4~6월에 알을 4~6개 낳고, 암컷 혼자서 대략 18일 동안 품는다. 특히 땅강아지를 즐겨 먹으며, 그 밖에도 딱정벌레, 나비, 파리, 거미, 지렁이 등을 잡아먹는다. 긴 부리가 앞으로 휘어 있어 땅속에 있는 먹이를 잡는 데에 알맞다. 평소에는 머리깃을 접고 있지만, 땅에 내려앉아 주변을 살피거나 놀랐을 때는 머리깃을 활짝 펼친다.

매우 귀한 여름철새다. 햇볕이 거의 들어오지 못해 어두울 만큼 울창한 숲을 좋아한다. 바위 위나 큰 나뭇가지 사이에 나뭇가지와 이끼 등으로 둥지를 짓는다. 둥지 내부는 럭비공을 세워 놓은 듯한 모양이고, 바닥에는 이끼와 부드러운 풀줄기 깐다. 둥지는 겉은 까치집처럼 허술해 보이지만 속은 비 한 방울도 들어오지 않을 만큼 정교하다. 6월 중순에 알을 4~8개 낳고 암수가 교대로 16~18일간 품는다. 주로 지렁이와 곤충(어른벌레, 애벌레) 등을 잡아먹는다. 몸집에 비해 울음소리가 매우 크다. 세계자연보전연맹 적색목록에 취약종으로 분류된 국제보호조이며, 천연기념물 제204호, 멸종위기 야생동식물 Ⅱ급이다.

073
팔색조과

팔색조

소리가 쩌렁쩌렁하다

암컷

0 7 4

때까치과

칡때까치

준비성이 철저하다

5월 중순에 찾아와 번식하고 10월 초순에 돌아가는 드문 여름철새다. 숲 가장자리나 탁 트인 숲에서 지낸다. 큰 나뭇가지에다 나무껍질이나 마른 가지 등을 가져와 밥그릇 모양 둥지를 짓는다. 다른 때까치보다 많이 늦은 6~7월에 알을 3~6개 낳고 14~15일 품는다. 주로 곤충을 잡아먹고 이따금 파충류나 작은 새도 사냥한다. 여느 때까치처럼 먹이가 부족할 때를 대비해 가시가 있는 나뭇가지나 철조망 등에 먹이를 꽂아 둔다. 수컷은 나무 꼭대기에 앉아 큰 소리로 울면서 다른 새의 침입을 경계한다.

0 7 5

꾀꼬리과

꾀꼬리

아름다운 소리 뒤에 까칠함이 숨어 있다

5월 초순에 찾아와 번식하고 9월 하순까지 머무는 흔한 여름철새다. 주로 참나무를 비롯한 활엽수림, 공원 등지에서 지낸다. 천적 눈에 띄지 않도록 둥지는 나뭇잎이 넓고 수평으로 뻗은 나뭇가지 사이에 식물 잎, 나무껍질, 잡초의 가는 뿌리 등을 가져와 밥그릇 모양으로 짓는다. 5월 무렵에 알을 3~4개 낳고 18~20일 품는다. 곤충(어른벌레, 애벌레), 거미, 열매 등을 즐겨 먹는다. 침입자가 세력권에 나타나면 '꽥' 소리를 내며 날아와 공격한다. 사람에게도 달려들 정도로 성격이 까칠하다.

암컷

수컷

076
긴꼬리
딱새과

긴꼬리딱새 빽빽한 숲속 정지비행 달인

5월 초순에 찾아와 번식하고 9월 중순까지 머물다 간다. 둥지는 낮은 산지의 우거진 숲속, 굵지 않은 나뭇가지 사이에 이끼류와 나무껍질을 거미줄로 붙여 가며 매우 은밀하게 짓는다. 5~7월에 알을 3~5개 낳고, 암수가 함께 알을 품고 새끼를 기른다. 우거진 숲속 나무 사이를 날아다니며 곤충과 거미를 사냥하기에 정지비행 능력이 일품이다. 세계자연보전연맹 적색목록에 준위협종으로 분류된 국제 보호조이며, 멸종위기 야생동식물 Ⅱ급이다.

077
개개비
사촌과

개개비사촌

수컷이 여러 암컷 만나느라 수선수선하다

여름철새이지만 매우 적은 수가 겨울을 나기도 한다. 생김새가 개개비를 닮았다고 이렇게 이름 붙였지만, 번식하는 모습은 개개비와 다르다. 수컷은 낮은 곳에 띠, 갈대, 억새 등 가는 풀줄기를 거미줄로 엮어서 호리병처럼 생긴 둥지를 짓는다. 그리고는 "삣, 삣, 삣" 하는 특이한 소리를 내며 풀숲 이곳저곳에서 여러 마리 암컷을 유혹하고, 둥지마다 알을 낳게 한다. 알을 4~6개 낳고 12~14일 품으며, 알에서 깬 새끼는 2주 정도 자라면 둥지를 떠난다. 주로 메뚜기, 베짱이, 등에 같은 곤충(어른벌레, 애벌레)을 잡아먹는다.

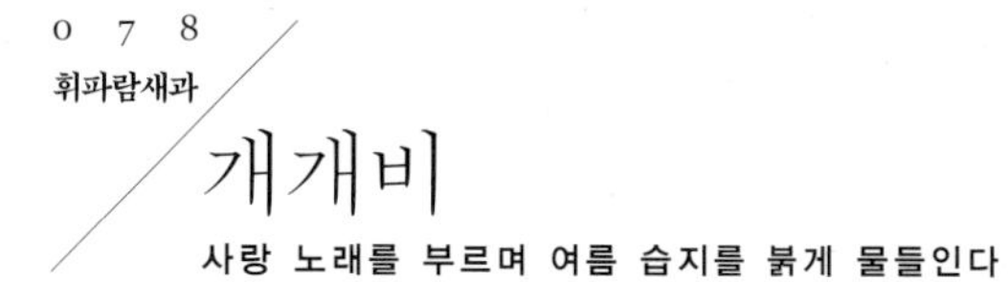

0 7 8
휘파람새과

개개비

사랑 노래를 부르며 여름 습지를 붉게 물들인다

4월 중순에 찾아와 번식하고 10월 하순에 돌아가는 여름철새다. 번식기에는 습지 갈대나 연잎, 연꽃 등에 아슬아슬하게 매달려 빨간 입속을 보이며 "개, 개, 개, 삐, 삐, 삐"하며 구애를 한다. 짝을 찾으면 번식지로 아주 알맞은 갈대숲 곳곳에 밥그릇 모양 둥지를 틀고, 알을 4~6개 낳아 14~15일간 품는다. 메뚜기, 파리, 모기 같은 곤충(어른벌레, 애벌레)을 잡아먹는다.

0 7 9
찌르레기과

찌르레기

무리는 크면 클수록 좋다

흔한 여름철새로 중부 이남 지역에서는 겨울을 나기도 한다. 찾아오는 곳이 일정하며, 주로 공원이나 인가 근처 전깃줄에 떼를 지어 앉아 있는 모습을 어렵지 않게 볼 수 있다. 수십에서 수백 마리까지 무리 지어 생활하며, 우리나라에서는 보기 어렵지만 유럽에서는 가창오리처럼 수십만 마리가 군무를 펼치기도 한다. 고목의 구멍, 딱다구리의 묵은 둥지, 건축물 틈 사이에 둥지를 짓는다. 보통 알을 5~7개 낳고 암수가 교대로 19~21일 품는다. 곤충(어른벌레, 애벌레), 열매, 풀씨 등을 먹는다.

호랑지빠귀

새끼 지키는 일에 못할 일이란 없다

몸에 난 무늬가 호랑이와 닮았다고 해서 호랑지빠귀라 부른다. 4월 중순에 찾아와 번식하고 10월 하순까지 머물다 가는 흔한 여름철새다. 낮은 산지의 낙엽활엽수림이나 잡목림처럼 어둡고 습하며, 새끼의 주식인 지렁이가 많은 곳에서 홀로 지내는 것을 좋아한다. 둥지는 4~7월 하순에 소나무, 낙엽활엽수 등의 가지에 짓는다. 보통 알을 3~5개 낳고 12일 정도 품는다. 알은 어미가 품고 있을 때는 어미의 보호색 때문에 안전하지만 어미가 둥지를 떠나면 바깥으로 고스란히 드러나 천적에게 노출될 수 있다. 그래서 암수 교대로 둥지를 지키고, 새끼 배설물까지 먹어 치우며 흔적을 없앤다. 새끼 배설물은 색깔이나 냄새 때문에 천적을 불러들일 수도 있기 때문이다. 주로 지렁이와 곤충을 잡아먹는다.

0 8 1
지빠귀과

흰배지빠귀

나는 것보다 뛰는 것이 낫다

흔하게 번식하는 여름철새지만 일부 지역에서는 겨울을 난다. 산지 숲속, 공원, 과수원 등에서 여름에는 암수가 함께 생활하며, 겨울에는 대개 홀로 지낸다. 이동할 때는 큰 무리를 이룬다. 둥지는 높은 나뭇가지에 나뭇가지와 나무뿌리, 이끼 등을 가져와 밥그릇 모양으로 짓는다. 6월 무렵에 알을 4~5개 낳고 13~14일 품는다. 다른 지빠귀들보다 경계심이 강하다. 날아다니는 것보다 뛰어다니는 것을 더 좋아해서 주로 숲속 바닥을 뛰어다니며 먹이를 찾는다. 주로 지렁이와 애벌레를 잡아먹고, 동물성 먹이가 없는 가을부터는 열매를 먹는다.

수컷 번식깃

수컷 겨울깃

암컷

0 8 2
솔딱새과

검은딱새 위협을 느끼면 꼬리가 바빠진다

흔하게 번식하는 여름철새이자 나그네새다. 주로 농경지나 탁 트인 평지나 초원, 덤불이나 풀숲, 강변 등에서 관찰된다. 농경지 주변이나 하천변 풀숲 땅바닥에 밥그릇 모양으로 둥지를 짓는다. 보통 알을 5~7개 낳고 13~14일 품는다. 둥지로 천적이 다가오면 근처 높은 나무나 풀숲 위로 가 꼬리를 좌우 또는 상하로 움직이면서 심하게 울어댄다. 곤충(어른벌레, 애벌레)이나 거미를 잡아먹는다.

0 8 3
솔딱새과

쇠솔딱새 감나무 사이 숨은 둥지 찾기

흔하게 통과하는 나그네새이나, 최근에는 일부 지역에서 매우 적은 수가 번식하는 여름철새이기도 하다. 그동안 강원 방태산, 충북 월악산에서 번식 기록이 있었고, 지난 2009년 5월 6일에는 경남 창원의 야산에서, 2010년 5월 12일에는 경남 함안 반구정에서 번식이 확인되었다. 둥지는 오래된 감나무 가지에 완벽한 보호색을 띠도록 이끼와 풀줄기를 거미줄로 엮어, 밥그릇 모양으로 짓는다. 둥지 바닥에는 부드러운 풀뿌리와 새 깃털을 깐다. 알은 4~5개를 낳고 12일 동안 품으며, 새끼는 부화한 뒤 12일이 지나면 둥지를 떠난다. 주로 잠자리, 나방, 나비, 등에, 노린재 같은 곤충(어른벌레와 애벌레)과 물속 곤충을 잡아먹는다.

어린새

084
솔딱새과

흰눈썹황금새 인공 새집도 마음에 쏙 든다

우거진 숲이나 도심 속 공원 등에서 드물게 번식하는 여름철새다. 딱다구리 둥지를 재활용하거나 인공 새집에서도 잘 지낸다. 둥지 바닥에는 이끼를 깔고, 식물 잎과 줄기 등으로 둥지를 꾸민다. 알은 4~7개 낳고 11~12일 품으며, 곤충과 거미 등을 먹는다.

수컷

암컷

수컷

암컷

085
솔딱새과

큰유리새 숲속 곤충 저격수

여름철새다. 둥지는 산골짝 바위틈이나 절벽 등에 이끼와 나무뿌리, 낙엽 등을 가져와 밥그릇 모양으로 짓는다. 암컷이 알을 4~5개 낳고 12~13일간 품으며, 새끼는 암수가 함께 돌본다. 주로 계곡이 있는 숲에서 날아다니며 곤충과 거미를 사냥하고, 열매 등도 먹는다. 공중 사냥술이 뛰어나 영어 이름은 'Blue-and-White Flycatcher'이다. 먹이 사냥은 암수가 함께하지만 대개 수컷이 암컷보다 큰 먹이를 잡고, 사냥 횟수도 잦다. 사냥을 끝내고 둥지로 돌아올 때 수컷은 과감하게 날아들지만 암컷은 둥지 주변을 꼼꼼하게 살피며 조심스럽게 돌아온다.

암컷

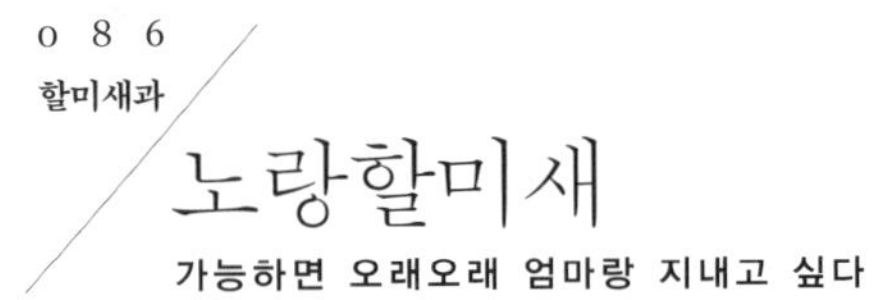

086

할미새과

노랑할미새

가능하면 오래오래 엄마랑 지내고 싶다

암컷 어린새(앞)와 어른새(뒤)

흔한 여름철새로 계곡, 냇가, 저수지, 농경지 등에서 지낸다. 둥지는 개울가 돌 틈이나 나무 구멍 등에 마른 풀과 이끼, 나무 뿌리 등을 써서 짓고 바닥에는 동물 털을 깐다. 알은 4~6개를 낳고 주로 암컷이 13일가량 품는다. 새끼는 둥지를 떠난 뒤에도 한동안은 어미의 보살핌을 받으며 자란다. 주로 곤충(어른벌레, 애벌레), 거미 등을 잡아먹는다. 긴 꼬리를 까닥거리며 얕은 물 위를 걸어 다니거나 포물선을 그리며 날아다닌다.

0 8 7

할미새과

알락할미새

꼬리를 까딱까딱하며 걷는다

흔하게 번식하는 여름철새이며, 남부 지역에서는 적은 수가 겨울을 나기도 한다. 탁 트인 농경지, 저수지, 물이 빠르게 흐르는 개울 등에서 지낸다. 담 사이, 바위틈, 물가 벼랑 틈 등에 둥지를 튼다. 알을 4~6개 낳고 13~14일 품으며, 새끼는 부화한 지 13일 정도 지나면 둥지를 떠난다. 주로 곤충(어른벌레, 애벌레), 거미 등을 잡아먹는다. 땅에서 이동할 때 꼬리를 쉼 없이 아래위로 흔든다.

Bird holic

물수리 / 장다리물떼새 / 검은가슴물떼새 / 흰물떼새 / 왕눈물떼새 / 긴부리도요 / 흑꼬리도요 /

큰뒷부리도요 / 중부리도요 / 알락꼬리마도요 / 학도요 / 쇠청다리도요 / 청다리도요 /

삑삑도요 / 알락도요 / 노랑발도요 / 뒷부리도요 / 종달도요 / 민물도요 / 넓적부리도요 /

지느러미발도요 / 구레나룻제비갈매기 / 긴꼬리때까치 / 흰점찌르레기

봄·가을에 볼 수 있는 새

in the spring·autumn

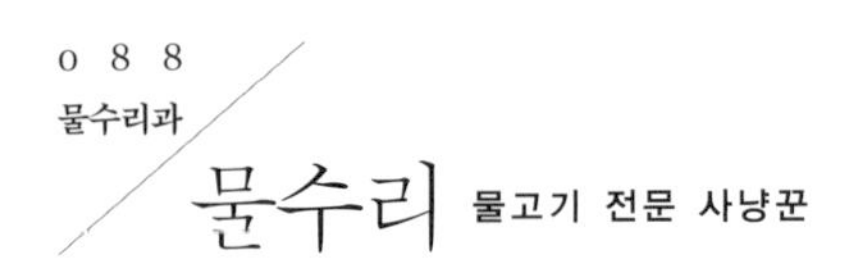

088
물수리과

물수리 물고기 전문 사냥꾼

봄 · 가을에 드물게 찾아오는 나그네새이자 제주도와 남해안 일대에서 겨울을 나는 겨울철새이기도 하다. 최근에는 제주도에서 번식한 사례도 있다. 냇가, 저수지, 양식장, 하구, 해안 등에서 지낸다. 둥지는 암수가 함께 해안가, 도서 지역의 암벽, 호수와 냇가 주변의 암벽에 있는 나뭇가지에 지으며, 매년 같은 둥지를 쓰는 경우가 많다. 2월 하순에서 6월 하순 사이에 알을 2~4개 낳는다. 정지비행과 활공을 반복하면서 사냥감을 찾으며, 표적이 정해지면 급강하해 날카로운 발톱으로 먹잇감을 낚아챈다. 대부분 물고기를 사냥한다. 멸종위기 야생동식물 Ⅱ급이다.

0 8 9
장다리
물떼새과

장다리물떼새 다리가 길쭉길쭉 분홍분홍하다

4월 중순에 찾아와 9월 하순까지 머물면서 에너지를 보충한 뒤 번식지와 월동지로 떠나는 보기 드문 나그네새이자 여름철새이기도 하다. 논, 습지, 호수, 하구 등에서 지낸다. 1997년 충남 천수만 간척지에서 처음 번식이 확인되었고, 이후 전남 해남 영암호에서도 번식이 관찰되었다. 둥지는 어린 벼 줄기 사이에 화산처럼 쌓듯이 짓는다. 알은 4개를 낳고 22~24일간 암수가 교대로 품는다. 작은 물고기, 갑각류, 애벌레 등을 잡아먹는다. 다리가 길고 분홍색이라 다른 종과 확연하게 구별된다.

0 9 0
물떼새과

검은가슴물떼새

계절마다 다른 옷으로 갈아입는다

어른새 여름깃

4월 초순부터 5월 초순까지, 8월 중순부터 10월 하순까지 머물다 가는 흔한 나그네새다. 논이나 갯벌, 해안가 등에서 작은 무리를 지어 생활한다. 주로 갯지렁이나 애벌레 등을 잡아먹는다. 여름깃, 겨울깃, 변환깃이 다 다르다.

어린새

0 9 1
물떼새과

흰물떼새 모래밭 마라토너

3월 하순에 찾아와 번식하고 10월 중순에 월동지로 떠나는 여름철새이자, 봄과 가을에 해안가에서 흔히 관찰되는 나그네새이기도 하다. 하지만 일부 지역에서는 적은 수가 겨울을 나기도 한다. 모래밭, 자갈이 있는 휴경지, 하구, 갯벌 등에서 지낸다. 둥지는 모래밭에 오목하게 틀고, 알은 3개를 낳은 뒤에 암수가 교대로 24~26일 품는다. 모래밭에 허술하게 튼 둥지는 무방비로 노출되기 때문에 흰물떼새를 비롯한 물떼새들은 부화하면 곧바로 둥지를 떠날 수 있도록 깃털을 미리 준비한다. 이런 종류를 조성성(早成性) 조류라고 한다. 둥지 근처에 천적이 나타나면 어미는 자기에게로 관심을 유도해서 새끼를 지켜 낸다. 모래밭을 무척 빠르게 뛰어다니며 무척추동물을 잡아먹는다.

0 9 2
물떼새과

왕눈물떼새 날쌘 갯벌 왕눈이

이름은 큰 눈에서 비롯했다. 4월 초순에 찾아와 5월 하순까지, 7월 하순에 찾아와 10월 중순까지 머무는 나그네새다. 주로 해안 모래 언덕, 갯벌, 하구 등지에서 작게 무리를 이루며 지낸다. 물떼새답게 발걸음이 무척이나 빠르고 갯바위 사이사이를 날쌔게 옮겨 다닌다. 모래밭을 걷거나 달리다가 멈추면 몸을 아래위로 움직인다. 갯지렁이와 곤충, 작은 게, 식물 씨앗 등을 먹는다.

겨울깃

여름깃

겨울깃

0 9 3
도요과

긴부리도요 조금 더 자주 들러 주기를

매우 희귀한 나그네새다. 우리나라에서는 1998년 주남저수지에서 처음 관찰되었고, 이듬해 1990년 12월 16일에 충남 서산 간월호에서 모습을 보였다. 그리고 2013년 1월 5일에 순천만에서 두 마리가 먹이를 찾는 모습이 확인되었다. 바닷가보다는 내륙 습지나 해안가 습지를 좋아해 하구, 갯벌, 무논, 저수지 등에서 지낸다. 곤충, 연체동물, 갑각류 등을 주로 먹으며 이따금 식물을 먹기도 한다.

0 9 4
도요과

흑꼬리도요 **꼬리 끝도 부리 끝도 검다**

이름은 하늘을 날 때 보이는 검은색 꼬리에서 따왔다. 4월 중순에 찾아와 5월 중순까지, 8월 중순에 찾아와 10월 중순까지 머무는 나그네새다. 논, 습지, 하구, 갯벌 등에서 지내며 곤충, 거미, 새우, 달팽이, 지렁이 등을 잡아먹는다.

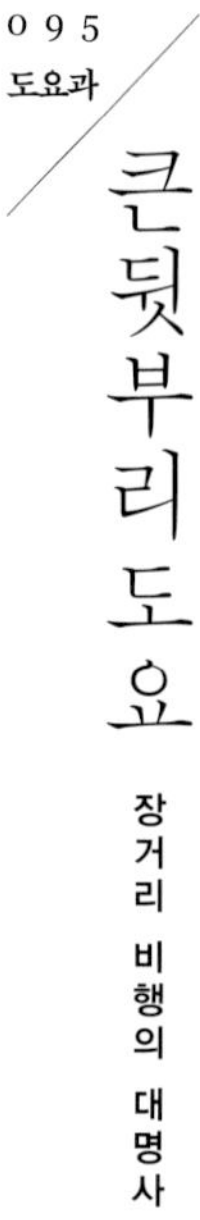

갯벌, 해안, 하구 등에서 지내는 나그네새다. 장거리 이동을 앞두고 미국 알래스카 유콘강 하구에서 게 또는 갯지렁이 같은 무척추동물을 먹으며 지방을 축적한다. 그리고 가슴 근육은 늘리고, 간과 콩팥은 줄인다. 무려 8일 동안 아무것도 먹지 않고 잠도 한숨 자지 않은 채 1만 1,700km를 이동할 수 있는 이유다. 진정한 장거리 비행의 대명사라 할 만하다. 도요 무리에서는 몸집이 큰 편이다.

096
도요과

중부리도요 직선으로 곧게 무리 지어 날아간다

4월 초순쯤 찾아와 5월 하순까지, 8월 초순에 찾아와 9월 하순까지 머무는 흔한 나그네새다. 갯벌, 하구, 풀밭, 논 등에서 걸어 다니며 곤충, 게, 조개 같은 작은 동물을 잡아먹기에 알맞게 부리가 길고 가늘다. ∧자 또는 횡렬로 직선비행하며, 드물게 곧게 선 나무나 쓰러진 나무에 앉기도 한다.

097
도요과

알락꼬리마도요

꼼꼼하고 야무지다

3월 초순에 찾아와 5월 중순까지, 8월 초순에 찾아와 10월 하순까지 머무는 나그네새다. 갯벌, 하구, 논 습지, 풀밭 등에서 지낸다. 부리가 아래쪽으로 휘어서 갯벌에 깊이 숨어 있는 게나 갑각류, 갯지렁이 등을 잡아먹는 데에 알맞다. 큰 게를 잡았을 때는 부리로 다리를 하나하나 잘라 낸 다음, 몸통만 바닷물에 씻어서 먹는다. 다리가 붙은 게를 그대로 먹으면 혹시나 게 다리에 식도가 긁혀 상처를 입을까 봐 예방하는 것이다. 우리나라를 찾아오는 도요새 중에 가장 덩치가 크다. 세계자연보전연맹 적색목록에 준위협종으로 분류된 국제 보호조이고, 멸종위기 야생동식물 Ⅱ급이다.

098
도요과

학도요 학처럼 고상하게 사뿐사뿐

학(두루미)처럼 부리와 다리가 길고, 걸음걸이도 학과 닮았다고 해서 학도요라 부른다. 3월 중순에 찾아와 5월 중순까지, 8월 중순에 찾아와 10월 하순까지 머무는 흔한 나그네새다. 논 습지, 습지, 하구, 갯벌 등에서 지내지만, 봄에는 논에서 많이 관찰된다. 주로 곤충, 새우, 패류, 양서류 등을 잡아먹는다. 날 때는 불규칙하게 횡렬로 무리를 짓는다. 땅에 내릴 때나 주변을 경계할 때는 머리를 비롯한 몸 앞부분을 아래위로 흔든다.

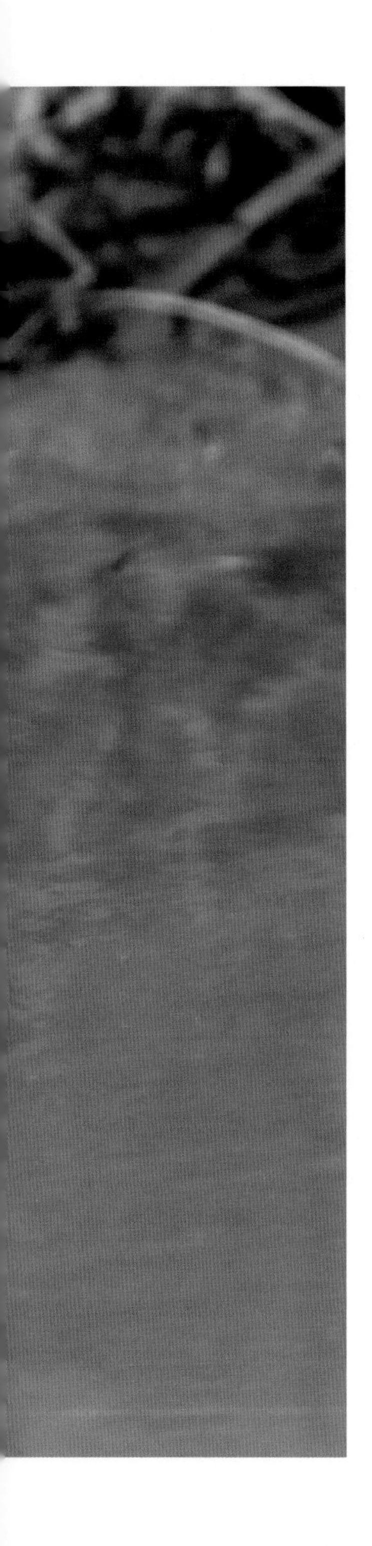

099
도요과

쇠청다리도요

다리가 파랗지만은 않다

4월 하순에 찾아와 5월 중순까지, 8월 중순에 찾아와 10월 초순까지 머무는 보기 드문 나그네새다. 무논이나 냇가, 연못, 저수지, 하구, 갯벌 등에서 지낸다. 주로 얕은 물에서 홀로 이리저리 움직이며 곤충, 패류, 연체동물 등을 잡아먹는다. 도요 무리 가운데서도 특히 날씬하다. 이름에 '청다리'가 들어가지만 실제로 다리는 색깔이 다양하다.

100

도요과

청다리도요 어떤 먹이도 노련하게 손질한다

흔하게 통과하는 나그네새다. 냇가, 연못, 논 습지, 저수지, 하구, 갯벌 등에서 곤충, 패류, 물고기, 갯지렁이 등을 잡아먹는다. 언뜻 청다리도요가 먹기에는 버거울 만큼 커다란 갯지렁이도 능숙하게 사냥한다. 한 발로 갯지렁이 몸 한쪽을 밟고 부리로 반대쪽을 당겨 반으로 자른 다음 바닷물에 씻어 먹는다. "뾩 뾩 뾩"하며 내는 울음소리가 청아하다.

겨울깃

여름깃

101
도요과

삑삑도요 홀로 습지를 흔들흔들 걸어간다

놀랐을 때 "삑삑 삣삣" 소리를 내며 날아가기 때문에 삑삑도요라 부른다. 흔하게 통과하는 나그네새이며, 겨울을 나기도 한다. 무논이나 저수지, 냇가, 습지 등에서 홀로 지내며 곤충, 거미, 지렁이, 갑각류 등을 잡아먹는다. 얕은 습지를 걸어 다니며 마치 춤을 추듯이 온몸을 아래위로 흔들어 댄다.

겨울깃

1 0 2
도요과

알락도요

짠물보다는 논물이 좋다

이름은 몸에 난 무늬에서 비롯했다. 3월 하순에 찾아와 5월 중순까지, 8월 초순에 찾아와 9월 하순까지 머무는 나그네새이나, 대개 가을보다는 봄에 많이 관찰된다. 갯벌보다는 논 습지를 더 좋아하고, 아주 드물게 바다로 이동하기도 한다. 주로 곤충, 거미, 패류 등을 잡아먹는다. 다른 도요와 마찬가지로 걸어 다닐 때 몸을 아래위로 흔들며, 경계심이 비교적 적은 편이다.

103
도요과

노랑발도요 휘파람 불듯 경쾌하게 노래한다

4월 초순에 찾아와 5월 하순까지, 8월 초순에 찾아와 9월 하순까지 머무는 흔한 나그네새다. 하구, 해안, 염전, 갯벌 등에서 지내며 물고기, 연체동물, 갑각류, 곤충 등을 잡아먹는다. 휘파람처럼 경쾌한 소리를 내며, 이름에서 알 수 있듯이 다리와 발가락이 노랗다.

1 0 4
도요과

뒷부리도요 성격은 깔끔하고 외모는 독특하다

4월 하순에 찾아와 5월 하순까지, 8월 초순에 찾아와 10월 초순까지 머무는 흔한 나그네새다. 갯벌, 하구, 모래밭 등에서 모래 위를 빠르게 걸어 다니며 게, 조개, 곤충 등을 잡아먹는다. 잡은 먹이는 종종 물에 깨끗하게 씻어서 먹는다. 다른 도요들과 달리 부리가 위쪽으로 휘어서 멀리서도 알아볼 수 있다.

105
도요과

종달도요

종다리와 닮았다

4월 하순에 찾아와 5월 중순까지, 8월 초순에 찾아와 9월 초순까지 머무는 흔한 나그네새다. 습지와 무논, 저수지 등에서 애벌레, 조개류, 갑각류 등을 주로 먹지만, 이따금 식물 씨앗과 열매도 먹는다. 주남저수지 가시연 위에서 먹이를 먹는 모습이 관찰되기도 했다. 번식지인 초원에서 날개를 파닥이며 낮게 나는 모습, 깃털 무늬 등이 종다리와 비슷하다.

어린새

106
도요과

민물도요 크게 무리 지어 날래게 사냥한다

우리나라를 찾는 도요새 가운데 가장 흔하게 보이는 나그네새이자 일부 무리는 겨울을 나기도 한다. 해안 갯벌, 염전, 논, 저수지, 호수, 강 등에서 지낸다. 큰 무리를 지어 재빠르게 조개류, 갑각류, 갯지렁이 등을 잡아먹는다. 보통 여름깃은 등은 적갈색, 배는 검은색을 띠지만 낙동강 하구에서는 알비뇨 개체가 확인되기도 했다.

여름깃

하구, 삼각주, 모래섬 등 모래가 섞인 곳에서 밥주걱처럼 생긴 부리를 좌우로 흔들며 게, 갑각류, 물속 곤충 등을 빨아들여 잡는다. 2004년 8월 15일에 낙동강 진우도에서 관찰되었다. 낙동강 하구 진우도는 북쪽에는 갯벌, 남쪽에는 모래밭이 있는 섬이다. 1970년에는 전 세계에 2,000~2,800쌍이 생존하리라 추정했지만 2010년에는 360~500마리로 크게 감소해 멸종 위기에 처했다. 세계자연보전연맹 적색목록에 위급으로 분류된 국제 보호조이다.

107
도요과

넓적부리도요

영영 사라질까 봐 아슬아슬하다

108
도요과

지느러미발도요

헤엄으로 따지면 따라올 도요가 없다

4월 초순에 찾아와 5월 하순까지, 8월 중순에 찾아와 9월 하순까지 머무는 나그네새지만 만나기는 어렵다. 우리나라에서는 해안, 하구 등에서 지내지만 월동지에서는 먼 바다에서 무리 지어 생활한다. 물갈퀴로 지그재그를 그리며 헤엄친다. 헤엄으로는 도요 무리 가운데 으뜸이며, 바다에 떠 있을 수 있는 유일한 도요이기도 하다. 플랑크톤, 물속 곤충, 연체동물, 갑각류 등을 먹는다. 암컷이 수컷보다 더 화려하며, 구애와 과시 행동 또한 암컷이 수컷에게 한다.

5월 초순에 찾아와 6월 하순까지, 8월 초순에 찾아와 9월 하순까지 머무는 흔하지 않은 나그네새다. 바다, 습지, 강, 저수지 위를 낮고 빠르게 비행하며 사냥할 물고기를 찾는다. 그러다 수면 위로 떠오르는 물고기가 있으면 낚아챈다. 물고기뿐만 아니라 곤충도 먹는다.

109
갈매기과

구레나룻제비갈매기

물고기가 튀어 오르기만을 호시탐탐 노린다

1 1 0
때까치과

긴꼬리때까치 사냥 솜씨가 맹금류급이다

우리나라에서는 1994년 12월 19일 충남 대호방조제에서 처음으로 관찰되었다. 이후 2005년 9월 8일 흑산도에서 관찰되었고, 2010년 1월 17일 주남저수지에서는 겨울을 나는 모습이 확인되었다. 저수지 갈대숲이나 농경지, 냇가, 숲 가장자리 등에서 홀로 생활한다. 도마뱀, 설치류, 작은 새, 곤충 등을 잡아 세력권 이곳저곳에 숨겨 놓고 먹이가 부족할 때 먹는다.

1 1 1

찌르레기과

흰점찌르레기 사회성 갑이다

드물게 통과하는 나그네새로 일부는 겨울을 나기도 한다. 시골 마을, 농경지, 공원 등에서 다른 찌르레기와 잘 어울려 지낸다. 전깃줄에 다른 찌르레기 무리와 함께 앉아 있는 모습을 자주 볼 수 있다. 이동할 때도 비행 속도를 조절하며 다른 찌르레기와 함께 움직인다. 주로 곤충을 비롯한 무척추동물, 열매 등을 먹는다.

INDEX